UN VOYAGE

SUR

LE FLEUVE ROUGE

en 1893.

UN COIN DU YUNNAN MÉRIDIONAL

Notes d'un Globe-Trotter

PAU

IMPRIMERIE-STÉRÉOTYPIE GARET, 11, RUE DES CORDELIERS.

J. Empérauger, imprimeur.

1898

UN VOYAGE SUR LE FLEUVE ROUGE

EN 1893.

UN COIN DU YUNNAN MÉRIDIONAL

UN VOYAGE

SUR

LE FLEUVE ROUGE

en 1893.

—✳—

UN COIN DU YUNNAN MÉRIDIONAL

—◦—

NOTES D'UN GLOBE-TROTTER

PAU

IMPRIMERIE-STÉRÉOTYPIE GARET, II, RUE DES CORDELIERS

J. Empéranger, imprimeur.

—

1898

PRÉFACE

Le récit que nous présentons au lecteur a été extrait de la correspondance, destinée à un cercle d'intimes, dans laquelle nous notions, aussi régulièrement que nous le permettaient les circonstances, nos impressions de route. C'est dire qu'il est écrit sans autre prétention que celle de narrer l'exacte vérité, sans le moindre souci de la « fuyante épithète », au courant de la plume ou plutôt du crayon, car on pense bien qu'il est impossible de se servir de plume à bord d'une jonque trop vacillante ou sous une hutte dont les hôtes ignorent l'usage de la table.

En publiant, aujourd'hui que nous avons des loisirs inattendus, la relation d'un voyage fait, — il y a déjà quatre ans, — à travers le

Tonkin, nous cédons aux instances d'amis trop indulgents, mais nous obéissons aussi à un sentiment plus élevé : nous voulons contribuer, pour notre faible part, à faire connaître et aimer cette belle (1) colonie, qui ne tardera pas, nous en sommes persuadé, à devenir le plus riche joyau de notre Empire d'outre-mer.

(1) *A la fin de l'année 1895, nous avons eu l'occasion de faire le même voyage en sens inverse : si, dans la région du Haut Fleuve Rouge, en dehors de Yenbaï, station militaire de premier ordre, nous avons constaté peu ou prou de changement, en revanche nous avons été agréablement surpris de l'animation croissante des rues et quais de Hanoï et de Haïphong et de l'empressement que nos compatriotes mettent, dans ces deux grands centres, à remplacer par de vastes constructions européennes leurs anciennes et peu confortables habitations de style indigène.*

I

DE HAÏPHONG A YENBAÏ

(23-26 Septembre 1893.)

Je ne dirai rien du voyage de Hongkong à Haïphong, le port du Tonkin. Je l'ai accompli en trois jours sur le " Hanoï ", un des bateaux de la Compagnie de navigation française Marty et Cie. A noter seulement une queue de typhon, qui nous a fait rouler assez violemment avant d'entrer dans le détroit d'Haïnan. Du reste, la mer a l'habitude d'être méchante en cet endroit.

HAÏPHONG

(26-28 Septembre.)

Haïphong est un centre commercial ou plutôt un point d'entrepôt important. Si l'on tient compte des difficultés que nous avons rencontrées dans la création de cette ville, qui n'était à l'origine qu'un misérable petit village de pêcheurs perdu au milieu des marais, on ne peut s'empêcher d'être surpris qu'en si peu de temps nous autres, — qui ne sommes point colonisateurs, prétend-on, — ayons réussi cependant à installer là un comptoir assez sérieux. L'activité que dépensent à Haïphong nos compatriotes nous fait d'autant plus regretter que ce point ait été choisi pour en faire le principal port du Tonkin. En effet, il est inaccessible aux steamers de fort tonnage, alors qu'à quelque distance au-dessus se trouve une baie profonde, la fameuse baie d'Along, dans laquelle pourraient mouiller des flottes entières. Là, les marécages sont remplacés par des collines couvertes d'une végétation luxuriante, et, — ce qui est autrement important, — tout près de cette baie sont les mines de charbon de Hongaï et de Kébao, qui sont à l'heure actuelle en pleine exploitation et fournissent d'excellent anthracite. Mais, il faut aujourd'hui faire son deuil de l'erreur commise : Haïphong, qui est une ville élégante, — éclairée déjà à l'électricité, s'il vous plaît, — ne permettra pas qu'on établisse à côté d'elle un port concurrent, et Along ne pourra jamais devenir autre chose qu'une jolie station balnéaire.

A Haïphong, j'ai revu un ami de Corée, M. S..., ex-architecte de S. M. Li-hi, qui me pilote pendant deux jours et me fait faire connaissance avec la population européenne, ses lieux de réunion et ses habitudes.....

Mais je suis déjà reposé de mes fatigues de mer et j'ai hâte de franchir ce que j'appellerai le seuil de notre colonie.

Une quinzaine d'heures à bord d'un des steamers de la Compagnie subventionnée des Correspondances fluviales, au milieu d'un paysage plutôt triste et monotone, bien que composé de magnifiques rizières ornées de ci de là de quelques bouquets de bambou, et je suis dans la capitale du Tonkin.

HANOÏ
(28 Septembre - 7 Octobre.)

Hanoï : grande capitale, située en plein Delta. Beaucoup de constructions européennes, principalement autour du Petit Lac, au centre de la ville. Constructions indigènes en bois, mais proprettes. Beaucoup d'animation dans les rues, qui sont larges, assez bien éclairées et bien entretenues. Aux environs, manufactures diverses : fabriques de papier, d'huile, d'allumettes, briqueteries, brasseries, etc. Ville très florissante, appelée à détrôner un jour Saïgon.

La promenade habituelle des habitants est ce qu'ils appellent « le Tour du Grand Lac ». Le long d'un lac immense, situé en dehors de la ville, court une jolie route qui est fréquentée

tous les soirs, entre 5 et 7 heures, par les
« swells » tonkinois. La coutume exige qu'on
aille se reposer un instant sous les arbres sécu-
laires de la pagode du grand Bouddha, qu'on
pénètre dans le Jardin botanique, — où l'on
fait la causette avec M. Martin, un horticulteur
distingué, qui a su grouper là les plus belles
plantes du pays et les plus riches essences de
bois, telles que le teck, le bois de fer, et qui fait
avec succès des études d'acclimatation de plantes,
comme la ramie, et d'arbustes tels que le caféier ;
— puis qu'on aille se délecter un moment dans
le Jardin zoologique, qui renferme quelques
animaux fort curieux, des tigres et panthères de
haute taille et des singes d'une couleur bizarre.
J'ai découvert là un grand singe d'un noir de
jais avec favoris gris, comme un grave et digne
magistrat, et la partie inférieure du corps, depuis
le bassin jusqu'aux genoux, d'un blanc de neige,
comme s'il portait un caleçon et se disposait à
prendre son bain ! Cette espèce rare n'est certainement pas encore cataloguée.

Je suis descendu au Grand Hôtel, naturellement. Je suis là tout à fait au milieu de la ville, sur le bord du petit lac dont j'ai parlé plus haut. De la terrasse, je contemple, dans l'après-midi, le flot des promeneurs du grand Lac, qui rentrent dîner en famille. Tout ce monde-là me paraît gai et bien portant. On est en blanc, par habitude, sans doute ; mais, on pourrait très bien porter des vêtements noirs. Mon costume de flanelle ne me semble point lourd. C'est l'automne de France, avec cette différence toutefois qu'il fait toujours très chaud à midi et qu'il serait imprudent d'affronter à cette heure les rayons du soleil sans être muni du casque de liège colonial. Mais quelle différence avec Saïgon ! En Cochinchine règne éternellement une température de 35 à 40 degrés centigrades, et personne ne peut séjourner dans cette colonie plus d'un an ou deux sans être complètement anémié.

En prenant mon moka sur la terrasse de l'hôtel, j'écoute religieusement et savoure la musique de l'infanterie de marine qui joue ses plus beaux airs sur la Place de la Résidence Supérieure. Pensez donc, c'est la première fois depuis tantôt trois ans que j'entends une musique française !

Durant les quelques jours que j'ai passés à Hanoï, j'ai été à même d'étudier les industries indigènes et de les comparer aux industries chinoises : J'ai pu rapidement me rendre compte que les Annamites sont loin d'être aussi habiles que leurs voisins de l'Empire du Milieu. Une simple visite au marché m'a permis de constater qu'ils ne fabriquent guère que des cotonnades de mauvaise qualité, quelques meubles en bois sculpté, ou bien laqués et ornés d'incrustations de nacre, des vases en cuivre grossièrement travaillés et quelques bijoux en argent peu décorés. Lorsqu'on pénètre dans une « cagna » annamite, on est frappé de la simplicité rustique de cette habitation. La carcasse de la maison est en bambou et le toit en feuilles de latanier. A la place de meubles, des nattes sur lesquelles on s'accroupit, tout comme au Japon.

Loin de moi l'idée de vouloir comparer l'Annamite au Japonais, bien que ces deux peuples aient entre eux de frappantes ressemblances au physique aussi bien qu'au moral. Je noterai néanmoins en passant que dans le pays du « Dragon » comme dans celui du « Soleil levant » les femmes ont la déplorable habitude de se laquer les dents, ce qui leur donne l'air de jolies petites guenons. Il est vrai que cette habitude a sa raison d'être pour les femmes annamites qui passent leur temps à mâcher du bétel : leurs dents seraient vite, sans cet enduit protecteur, affectées de carie.

Les Tonkinois sont, avant tout, des agriculteurs : leur richesse consiste presque uniquement dans leurs rizières, qu'ils cultivent avec le plus grand soin. Ces gens-là ont peu d'appétits à satisfaire ; et, à part notre bimbeloterie, ils ne consomment guère de nos produits. Ne comptons donc pas sur eux en tant que consommateurs. Mais, en revanche, utilisons leurs bras pour les différentes industries que nous commençons à

créer et les plantations que nous organisons
là-bas. Pauvres, ils se contentent d'un maigre
salaire. Nos colons vont donc pouvoir disposer
d'une main-d'œuvre à bon marché et espérons
que, dans ces conditions, ils pourront lutter
avec les Anglais et les Allemands et importer en
Chine des tissus à meilleur compte qu'eux.

Je n'ai pu rencontrer, pendant mon séjour à
Hanoï, M. de Lanessan, qui est en tournée d'ins-
pection en Annam depuis un ou deux mois.
Mais, j'ai été fort bien accueilli à la Résidence
Supérieure et à l'État-Major de l'armée du
Tonkin, où l'on m'a assuré que tous les postes
que je rencontrerais sur ma route, de la capitale
à la frontière, seraient prévenus télégraphique-
ment de mon passage et recevraient l'ordre de
me prêter leur concours, au cas où j'en aurais
besoin.

Le vendredi 6 octobre, mes provisions de route
se trouvant au complet, je fis mes adieux aux
camarades et amis, — à M. T..., entre autres,
directeur par intérim des écoles franco-annamites,

que j'ai connu autrefois à Paris à l'École des Langues Orientales, — et le lendemain je m'embarquai sur le « Yunnan », en compagnie de l'officier supérieur qui commande les troupes indigènes échelonnées le long du Song-Coï (¹). A dix heures, nous levons l'ancre et disons « au revoir » à la belle ville de Hanoï. En route pour Yenbaï !

DE HANOÏ A YENBAÏ
(Du 7 au 14 Octobre.)

Le voyage de Hanoï à Yenbaï se fait, généralement, en deux jours et demi, à bord du « Yunnan », vapeur appartenant aux Correspondances fluviales. Mais, les nombreux bancs de sable qui obstruent le lit du fleuve et qui se déplacent incessamment rendent la navigation assez difficile entre ces deux points, et cette fois-

(1) On sait que c'est ainsi que les Annamites appellent le Fleuve Rouge.

ci le Fleuve Rouge nous a réservé une surprise désagréable.

Nous avions dépassé sans incident la fameuse forteresse de Sontay, la ville de Viétry, située au confluent de la Rivière Claire (Song-Ca, en annamite) et du Fleuve Rouge, puis Hong-Hoa, quand, à quelque distance en amont de cette localité, nous avons échoué et sommes restés quatre longs jours en panne, quatre longs jours pour trouver le chenal, et cependant nous avions un excellent pilote, qui connaît la route comme ses poches ! Le commandant de la canonnière « l'Estoc », qui descend lentement et majestueusement le Fleuve, — comme doit le faire tout navire de l'État, — et que nous rencontrons dans cette mauvaise passe, se met bien à notre disposition et nous prête généreusement son concours pour essayer de nous déséchouer, mais c'est peine perdue. Du reste, il n'a pas l'expérience du pilote. Nous nous en apercevons, lorsque par une malheureuse manœuvre il nous fait aborder le « Haï-yang », hirondelle de la

Compagnie venue de Viétry à notre secours. Heureusement le « Haï-yang » ne reçoit pas une trop violente secousse et réussit à réparer assez vite ses avaries. Cependant, nous étions toujours en détresse, les vivres diminuaient, et une odeur nauséabonde se dégageait déjà du pont, où étaient entassés pêle-mêle volaille, pourceaux, tirailleurs indigènes et « congaïs » (¹), quand nous aperçumes tout à coup la fumée d'un vapeur venant de Hanoï : c'était le « Chobo », de la même Compagnie, qui se rendait à Laokaï. *(Aux termes d'un contrat signé récemment à la Capitale, la Cie Marty et d'Abbadie s'est engagée à organiser un service régulier entre le Delta et la frontière, et le « Chobo » inaugure ce service régulier. La date de son départ a été brusquement fixée, et à mon passage à Hanoï on ignorait quand le grand voyage aurait lieu.)* Nous prenons passage sur le « Chobo », qui cale moins que le « Yunnan » et a des chances de franchir

(1) Femmes ou filles du peuple.

l'obstacle sans encombre. Mais son pilote ne veut pas faire « perdre la face » (¹) à son collègue du « Yunnan », et les deux steamers se rendent maîtres, juste en même temps, de la difficulté. Satisfaction générale.

Sans autre incident, nous arrivons le 14 à Yenbaï.

Le retard que nous avons essuyé en amont de Hong-Hoa, en face d'un banian célèbre — appelé « l'arbre aux perruches » probablement par antiphrase, car on n'en voit jamais de perchées sur ses branches, — nous a permis, en compensation, de descendre plusieurs fois à terre et d'aller visiter la dite localité, bien située un peu au-dessus du confluent du Fleuve et de la Rivière Noire (en annamite : Song-Bo). C'est un poste plutôt qu'une ville, car en dehors de la citadelle, on n'y trouve guère que 3 à 400 familles indigènes.

En dehors du Delta proprement dit, on ne

,1) « Perdre la face » signifie être déshonoré.

rencontre plus de ces grands centres commerciaux tels que Bac-Ninh, Hong-Yen et Ninh-Binh, sans parler d'Haïphong ni de la Capitale. On ne voit plus que des places fortes échelonnées tout le long du fleuve, et ces stations ne pourront devenir des marchés de quelque importance que lorsque la pacification sera complète.

J'ai visité la citadelle de Hong-Hoa. J'ai été satisfait de constater qu'elle ne possède que quelques tirailleurs. C'est que la région commence à être tranquille. M. de G...., le Résident, qui nous a offert gracieusement l'hospitalité, assure que le seul ennemi à redouter aujourd'hui est le tigre, qui fait de terribles ravages dans les environs immédiats de la ville et visite souvent la jumenterie d'un compatriote installé tout près des murs de la citadelle. Aussi l'habitation et les écuries de ce colon, — le seul, hélas ! que je connaisse ici, — sont-elles grillagées comme de vraies cages !

YENBAÏ

(Du 14 au 17 Octobre.)

Yenbaï est le chef-lieu du IVe des territoires de la frontière, territoires qui ne sont pas encore pacifiés. Ici, le Résident civil est remplacé par un Résident militaire, un colonel, qui a sous ses ordres plusieurs commandants de cercles, celui de Laokaï, entre autres.

Le colonel Pennequin, qui est à la tête de ce territoire, est plutôt un administrateur qu'un soldat. En quelques années, il a beaucoup fait pour la pacification du Tonkin occidental : par la parole, mieux que par l'épée, il a réussi à convertir à notre cause de puissants chefs pirates qui pillaient et rançonnaient autrefois les populations de la Rivière Noire, et il travaille maintenant à rallier à nous les rebelles de la Rivière Claire. C'est, de plus, un homme fort courtois et de relations agréables : il nous reçoit très cordialement.

Yenbaï n'est pour l'instant qu'un camp retran-

ché composé des casernements des légionnaires
et des tirailleurs annamites, des logements de
l'État-Major et des bureaux de l'administration.
C'est, du reste, un point stratégique de première
importance. De la ville marchande, je ne vois
que l'emplacement. Beaucoup d'animation, par
contre, sur les rives du fleuve, où j'aperçois de
nombreuses jonques servant au transport des
marchandises du Delta dans le Haut Fleuve,
inaccessible — jusqu'à ce jour — aux steamers
de commerce.

Un incident : c'est à Yenbaï que je reconstitue
mon personnel. Figurez-vous que le cuisinier et
le jardinier indigènes que j'avais recrutés à Hanoï
m'ont piètrement « lâché » à Hong-Hoa. Les
lenteurs de la navigation, la longueur du voyage
et sans doute aussi la pensée d'aller visiter le
Yunnan, la Chine, c'est-à-dire, pour eux, un
pays perdu, tout cela les a effrayés et ils ont pris
subrepticement la fuite. J'ai pu heureusement, à
Yenbaï, mettre la main sur deux nouveaux sujets.
Ce ne fut pas sans mal...

Bien que je n'aie encore vécu que fort peu de temps avec les Annamites, il m'a cependant déjà été donné de constater que leur caractère est essentiellement dissemblable de celui des Chinois. Autant ceux-ci sont dignes et fiers, autant ceux-là sont serviles et craintifs. Si le Chinois est parfois insupportable par son orgueil de Céleste, l'Annamite fatigue trop souvent par son excessive humilité. Il a subi à tant de reprises différentes le joug de la Chine qu'il n'est, ma foi, pas surprenant qu'il en ait conservé l'habitude de courber l'échine. Plus que tout le reste de la population, la domesticité se ressent, cela va sans dire, de cet état de servitude. En Annam, le « boy » (¹) est humble et soumis à l'excès ; mais, il me paraît (²) ignorer trop souvent ce qu'est la fidélité ou le dévouement. Quelle différence avec mon domestiqne chinois qui vient de Tientsin et

(1) « Boy » signifie domestique. C'est un terme en usage dans tout l'Extrême-Orient.

(2) Je dis : il me paraît..., car je ne veux point essayer de fixer la psychologie de l'Annamite.

qui m'est si attaché ! Lui aussi, il a hésité d'abord à m'accompagner dans le pays des fièvres ; mais, une fois sa parole donnée, il la tient, car il considère que c'est là une question d'honneur, de « face », — comme il dit en son langage imagé.

II

DE YENBAÏ A LAOKAÏ

DE YENBAÏ A BAO-HA
(17-18 Octobre.)

C'est sur de belles jonques mâtées, de 3o mètres
de long, que s'est fait jusqu'à ce jour le voyage
de Yenbaï à Laokaï, voyage qui prend en
moyenne une quinzaine de journées longues et
fastidieuses. Si un heureux hasard n'avait pas
mis le « Chobo » sur mon chemin, c'est sur une
de ces jonques que je me serais embarqué avec
tout mon personnel, mon réchaud de voyage,
mon filtre et toute ma batterie de cuisine ! —
Comme la Résidence Supérieure m'avait fait
arrêter un bateau, de Hanoï, par le télégraphe,
je paie un dédit de 13o francs (prix de location

d'une jonque pour la route = 350 francs) ; mais, je préfère adopter cette combinaison et prendre passage sur le premier bateau de commerce de quelque importance qui remonte le Haut Fleuve. Réussirons-nous dans notre entreprise ? Vous le saurez tout à l'heure.

Le 17, au matin, le « Chobo » lève l'ancre, et nous voilà en route « pour la gloire ». Un ingénieur des mines, un lieutenant du 1er Étranger, un négociant, le commissaire du bord, et moi, tels sont les passagers européens. Le reste est Annamite et Chinois. Notre voyage débute bien : temps splendide ; pas de difficulté dans la navigation. Le principal sujet de la conversation est la beauté du site et la grandeur du paysage.

De Hanoï à Yenbaï, les montagnes qui bornent l'horizon se sont bien rapprochées quelque peu et le lit du fleuve s'est bien resserré ; mais, les rochers n'ont point encore fait leur apparition, et, à part quelques bancs de sable qui barrent la route de temps à autre, la navigation est plutôt facile. Notre arrêt de quatre jours en amont de

Hong-Hoa peut, en somme, être considéré comme un fait exceptionnel.

A partir de Yenbaï, au contraire, nous sommes obligés de naviguer prudemment et avec mille précautions. Le chenal est peu connu, et nombreux sont les récifs qu'on voit ainsi que ceux qu'on ne voit pas et qui sont à fleur d'eau. Nous commençons à avoir un horizon très limité : ce ne sont partout que monticules rocheux ou bien de vraies montagnes aux pics perdus dans les nuages. Partout des forêts impénétrables de bananiers, bambous, laquiers, lataniers et manguiers aux racines capricieuses. C'est la forêt vierge, que les montagnards s'efforcent de défricher en embrasant des collines entières.

Nous franchissons sans encombre, dans l'après-midi, le premier rapide sérieux du Fleuve Rouge, le grand Thac-caï, puis dans la soirée nous atteignons Traï-hutt, poste fortifié de second ordre et y passons la nuit. Résultat inespéré : en un seul jour nous avons accompli un trajet de 5o milles et il n'en reste plus que 41 pour arriver à Laokaï.

Une sentinelle annamite surveille les abords du bateau ; mais ce me semble être une précaution inutile, car le pays est tranquille aujourd'hui, grâce à l'excellente administration du colonel Pennequin, qui a su depuis peu obtenir la soumission de la plupart des tribus « muongs » ou « thaïs » qui occupent la région et qui vivaient auparavant tout à fait indépendantes.

Le 18, à l'aube, nous nous remettons en marche et filons à toute vapeur. Tous, nous sommes étonnés de la facilité avec laquelle évolue notre bateau dans les rapides nombreux qui obstruent le chenal. Il est vrai que c'est la meilleure époque de l'année pour accomplir ce voyage : le courant n'est pas trop violent et, d'autre part, les eaux ne sont pas encore trop basses et il y a assez de fond pour le « Chobo » qui cale 80 centimètres. En outre, ce bateau a été remis complètement à neuf et sa machine est en excellent état.

DE BAO-HA A LAOKAÏ

(Du 18 au 20 Octobre.)

Nous nous arrêtons un instant à Bao-Ha, poste situé à mi-chemin entre Yenbaï et Laokaï, pour le service des correspondances et pour y déposer quelques tirailleurs indigènes et leurs « congaïs » ; nous n'avons que le temps de faire connaissance avec les officiers qui commandent le poste et auxquels nous donnons de fraîches nouvelles du Delta et surtout de Hanoï, le séjour tant désiré, et nous repartons pour nous arrêter à quelques milles seulement de Pho-lou.

Le 19, dans la matinée, pas le moindre incident à noter. Le « Chobo » s'avance toujours le plus tranquillement du monde, sans avoir l'air de se douter des dangers qu'il coudoie. Pho-lou est déjà dépassé et nous pouvons espérer atteindre Laokaï dans la soirée.

Mais, nous comptons sans un rapide des plus dangereux qui nous arrête au passage. Notre machine n'est pas assez puissante pour résister à la violence du courant et nous sommes entraînés et jetés sur un banc de galets d'où nous n'arrivons pas à nous dégager. Les bateliers ont beau faire des sacrifices à Bouddha le Miséricordieux et demander la protection du Dieu des Eaux, auxquels ils offrent du riz, du papier d'argent et de l'encens, rien n'y fait et les divinités restent sourdes et insensibles à leurs prières ! Pour comble de malheur, à la suite d'une manœuvre mal exécutée, trois des matelots sont fortement contusionnés. Le désespoir s'empare alors de l'équipage et il ne nous reste plus qu'à prendre place sur le petit « Haï-yang », (qui nous a accompagnés pour parer aux éventualités), si nous voulons arriver le soir même à Laokaï, qui n'est pourtant qu'à une vingtaine de kilomètres du lieu de l'échouage. C'est ce que nous faisons sans plus tarder, quoique navrés d'abandonner le vaillant « Chobo », qui s'est si bien comporté jusque-là. Être si près du but et ne pouvoir l'atteindre ! Quel succès pour lui pourtant, s'il réussissait à montrer son pavillon aux populations étonnées de Laokaï et de la frontière !

Bien que la distance entre Taniam — point où nous échouâmes — et Laokaï ne soit pas bien grande, nous n'atteignons pas encore cette dernière ville dans la soirée du 19. La route est parsemée de récifs, et le pilote se refuse à naviguer de nuit. Nous mouillons donc en plein fleuve, pour plus de sûreté, et dînons à la franco-annamite après avoir découvert quelques provisions abandonnées dans un coin du bateau. Puis nous tâchons, mais sans succès, de nous endormir dans un réduit qui sert de « salon ». Le lendemain, à l'aurore, nous reprenons notre course et à 8 heures du matin nous débarquons à Laokaï.

Ce n'était pas la peine de nous presser tant : le « Chobo » arrive, superbe, le lendemain même, dans la matinée, au grand ébahissement de tous les habitants de Laokaï et des environs, qui se pressent sur la rive pour le contempler. Son succès est tout simplement énorme. Songez donc que c'est le premier bateau à vapeur *de commerce* qui réussit à remonter le Haut Fleuve à la saison des basses eaux !

Mais cette gaieté n'a pas été de longue durée. Le « Chobo », reparti le 22, est allé se crever sur un récif à l'endroit même où il s'était enlizé en montant.

III

DE LAOKAÏ A MAN-HAO

LAOKAÏ

(20-31 Octobre.)

Au confluent du Song-coï et de la rivière Nam-thi ou Nam-si se trouve la citadelle de Laokaï.

Ce n'est qu'un temple fortifié avec ses dépendances, temple qui est dédié au dieu de la Guerre et dont il reste de magnifiques ruines. C'était la résidence favorite du fameux chef des Pavillons-Noirs Liu-vinh-phuoc, qui ne l'abandonna, en y mettant le feu, qu'après la conclusion du traité de paix. C'est là que demeure aujourd'hui le chef de bataillon X..., commandant du cercle le plus intéressant de toute la zone frontière, qui est très fier de prendre son apéritif dans le pavillon même où le grand chef pirate buvait son thé. Les dépendances du temple sont occupées par les troupes européennes seulement, les tirailleurs indigènes campant de l'autre côté du fleuve, à Koc-léou.

Au-dessus de la citadelle est construit un fort dont les batteries menacent la Chine, qui n'est séparée de la France que par le thalweg de la rivière Nam-thi. Car, juste en face s'élève un gros village chinois, Sonphong (en chinois : Ho-k'eou), — centre de ravitaillement des pirates de la région, paraît-il, — défendu lui-même par cinq fortins dont on aperçoit à l'œil nu les canons. Ces pièces d'artillerie, braquées ainsi les unes sur les autres, n'indiquent guère, — chose triste à dire, — que nous entretenons avec les Célestes des relations de bon voisinage.

De rares « cagnas » annamites et chinoises se bâtissent autour de notre citadelle. Il est vrai que le régime militaire, avec sa consigne sévère, n'est pas fait pour encourager les paisibles marchands à venir s'installer chez nous. Espérons pourtant qu'avec l'arrivée régulière des vapeurs nous finirons par attirer la confiance des négociants et que Laokaï deviendra le grand point d'entrepôt qu'il doit être.

Halte de quelques jours à Laokaï, pour organiser le voyage sur le Haut Fleuve jusqu'à Man-hao et prendre un peu de repos. Les officiers de la garnison sont on ne peut plus charmants, et les heures coulent vite en leur société...

Mais voilà que déjà les pirogues, parées, nous attendent. Il nous faut quitter nos nouveaux amis. Non sans avoir fait un copieux déjeuner à leur mess, nous nous embarquons le 31 octobre. Il est onze heures. Les mariniers hissent la voilure et larguent les amarres.

DE LAOKAÏ A MAN-HAO

(Du 31 Octobre au 6 Novembre.)

Vous aurez remarqué que j'ai dit : nous nous embarquons. J'avais oublié de vous conter que je suis accompagné de M. G..., représentant du « Comptoir français au Tonkin », qui va également au Yunnan. Sa Société l'a envoyé en Chine étudier les produits dont l'exportation au Tonkin et en France pourrait procurer des bénéfices. C'est un garçon gai et aimable. Je ne pouvais rêver meilleure compagnie.

Notre convoi se compose de trois pirogues chinoises, une pour nous et le « bep » (1), une pour nos gens et l'autre pour les bagages. Ces bateaux, dont le port d'attache est Man-hao, sont loin d'être aussi grands et aussi bien aménagés que les jonques qui circulent entre Yenbaï et la frontière, et qui sont de petites maisons

(1) Cuisinier annamite.

ambulantes. Cependant ils sont encore assez confortables. La toiture, — il est vrai, — laisse quelque peu à désirer, puisqu'elle ne se compose que d'un mince treillis en feuilles de latanier à travers lequel la brise trouve trop facilement passage. Mais si l'on ne peut se tenir debout dans ces embarcations, du moins peut-on s'y asseoir et dormir à l'aise, quand on a pris la précaution de fermer les ouvertures avec des nattes, ce que nous ne manquons pas de faire, habitués que nous sommes aux expéditions lointaines.

Ces pirogues, dont les extrémités sont pointues pour mieux couper le courant, et le fond plat pour glisser plus aisément sur les galets dans les passages difficiles, ont environ 20 mètres de long sur 3 de large. Leur équipage se compose d'un patron et de six matelots, solides gaillards originaires des montagnes voisines, tour à tour marins et cultivateurs, habiles à manier la bêche aussi bien que la rame, tirant leur bateau à la cordelle ou le poussant à la perche, quand la brise, sollicitée en vain (¹), ne vient pas gonfler les plis de l'immense voile suspendue à deux mâts qui se rejoignent à leur sommet en forme d'angle. A l'arrière, le barreur manie l'aviron qui sert de gouvernail et permet de faire évoluer la pirogue sur place, dans les rapides.

Nous sommes devant la douane chinoise du village de Sonphong (en face de Laokaï). Le mandarin de l'endroit a tenu à venir en personne, à bord d'une jonque de guerre, nous souhaiter bon voyage : « y-lou fou-sïng » « que l'étoile du bonheur vous accompagne tout le long de la route », nous dit-il sournoisement. L'escorte de six soldats plus un caporal qu'il a mise à notre disposition prend place sur la jonque aux bagages, et nous commandons à nos bateliers : en avant !

Le fleuve est toujours très large : cent mètres, pour le moins, d'une rive à l'autre. La navigation

---

(1) Les matelots chinois ont coutume de solliciter le bon vent, de l'appeler, pour ainsi dire, par des hululements prolongés.

ne présente pas de difficulté. Mais le paysage change d'aspect : les collines sont déboisées en maints endroits, principalement sur la rive gauche, la rive chinoise (¹).

Nous arrivons sans incident, dans la soirée, au petit village de Man-ouo, en face duquel nous passons la nuit.

(1ᵉʳ Novembre.)

Rien d'intéressant à noter jusqu'à Ba-xat (en chinois : Pa-sha), le dernier poste avancé que nous ayons sur le Haut Fleuve.

Presque en face de ce blockhaus, sur la rive gauche, se trouvent les « cagnas » d'un village mi-annamite mi-chinois. C'est là que les « yao-jen », montagnards affectés souvent d'énormes tumeurs goîtreuses, coiffés invariablement d'un turban rouge qui leur donne un air guerrier, viennent échanger leurs denrées contre les produits européens ou indigènes de première

(1) De Laokaï à Long-po le fleuve sert de frontière au Yunnan et au Tonkin.

nécessité (coton filé, allumettes, opium, etc.). Les femmes se font remarquer par les magnifiques bijoux en argent ciselé qui sont accrochés à leurs oreilles et suspendus à leur cou crasseux ; leur costume me rappelle beaucoup celui des Coréennes. Il me semble ne se composer que d'un corsage assez élégamment ajusté et d'une jupe courte, le tout en grosse cotonnade bleue avec des galons d'argent qui courent sur le col et sur les manches. Comme coiffure, le même turban rouge que les hommes. Nous tombons juste en plein marché ! La plupart de ces aborigènes n'ont jamais même entrevu le profil d'un Européen. Vous pensez si nous sommes entourés, questionnés et palpés !

Après avoir déjeuné à Ba-xat, nous remettons à la voile et atteignons sans difficulté Chia-tien-fang, point où les rapides commencent à devenir inquiétants et à partir duquel le lit du fleuve s'encaisse de plus en plus. Je ne pense pas que les steamers puissent jamais dépasser ce point sans courir de grands dangers.

LONG-PO

(2 Novembre.)

Le 2, nous franchissons encore aisément la distance qui nous sépare de Long-po, point extrême de notre frontière, au confluent d'une jolie rivière aux eaux limpides portant le même nom et du Song-coï, qui prendra désormais, jusqu'au Sud-Ouest de Mong-tse, le nom chinois de Li-hoa-kiang et s'appellera plus loin le Ho-ti-kiang, puis le Yuan-kiang jusqu'à sa source ([1]).

Nous ne manquons pas de trouver là un poste militaire chinois, mal défendu du reste. Mais, ce que nous cherchons vainement, c'est un fort français : pas de pavillon national sous les plis duquel nous puissions nous abriter, ne fût-ce qu'une nuit ! Nous nous consolons tant bien que mal en envoyant, avant de nous coucher, quelques coups de feu à des bécasses qui jacassent à qui mieux mieux sur la berge et ont par trop l'air de nous railler.

(1) On sait que le Fleuve Rouge prend sa source au Sud du lac de Ta-li-fou.

(3 Novembre.)

Le 3, nous faisons connaissance avec une série presqu'ininterrompue de rapides. C'est d'abord celui de O-koueï-t'an, puis celui de Chang-tien-fang, et enfin le terrible et redouté Nam-tien-t'an, qui fait véritablement un bruit d'enfer et nous barre complètement la route : il nous oblige à prendre haleine aussitôt après l'avoir franchi.

(4 Novembre.)

Nous passons la matinée du 4 à pêcher de superbes carpes dans le petit ruisseau San-yin-ho. C'est un torrent qui descend en cascade des rochers environnants, et avec une telle violence que le point où il se jette dans le fleuve est des plus dangereux pour la navigation. Nos pirogues ont mis deux pénibles heures à franchir cette passe.

Déjeuner à Sin-kaï, village composé d'une centaine de familles aborigènes. Après la tasse de thé absorbée — nécessairement — chez le mandarinot de la localité, nous visitons l'école, félicitons le professeur et complimentons les élèves sur leurs mérites en calligraphie. On commence à se sentir vraiment en Chine. Nous rencontrons de ci de là des lettrés qui parlent assez bien la langue mandarine.

Le rapide de Sin-t'an une fois franchi, nous passons devant le petit Temple des Lotus (Lien-hoa-miao), et peu après nous jetons l'ancre pour préparer à notre aise un dîner que nous avons bien gagné. Nous sommes au pied de rochers à pic d'une hauteur de soixante mètres environ. Le paysage est on ne peut plus sauvage ; on ne voit pas un être humain. Seuls, quelques singes apparaissent dans les arbres et nous font des grimaces. Le soleil est vite couché derrière les sommets élevés des montagnes qui nous enserrent. Avant de clore la paupière, nous contemplons un spectacle féerique : des montagnes entières en feu ! Ce sont les aborigènes qui travaillent à déboiser le pays.

LE GRAND RAPIDE TA-T'AN
(5 Novembre.)

Nous voici au Ta-t'an, le plus grand et le plus long des rapides qu'on rencontre de Laokaï à Man-hao.

Pendant que nos mariniers, renforcés par des paysans des alentours, hèlent et traînent, pour ainsi dire, nos barques sur des galets énormes, — besogne aussi longue que pénible, — nous allons explorer les environs. Nous découvrons bientôt, derrière un monticule, un village de « Yao-jen » perdu dans cette région déserte. Ces braves gens paraissent bien étonnés de voir surgir, comme par enchantement, des « diables d'étrangers » et nous les troublons considérablement dans leur douce quiétude. Ils vivent là, solitaires, de la vie antique et patriarcale. Le plus âgé est le chef de la tribu. Malgré leur ignorance des choses de l'extérieur, ils savent cependant que nous sommes du pays du sel marin, et, comme ils n'ont, les pauvres, pour assaisonner leurs aliments, que d'affreux sel gemme que la Gabelle leur vend horriblement cher, il faut voir comme ils s'empressent autour de nous et nous supplient de leur faire don de quelques poignées de sel du Tonkin, en échange de magnifiques concombres et de délicieuses oranges !

Mais, enfin, il faut regagner nos pirogues. Elles sont là toutes trois, bien alignées. Elles semblent toutes gaies d'avoir franchi sans accident grave ce terrible rapide de Ta-t'an, qu'on a appelé, non sans raison, « un petit Niagara ». Elles ont mis tout simplement trois heures à accomplir un trajet de cent mètres ! Éreintés et fourbus, nos matelots nous demandent la permission de jeter l'ancre plus tôt que d'habitude, ce que nous leur accordons bien volontiers. Nous stoppons à Koan-chéou-t'an, et passons le reste de l'après-midi à canarder des tortues géantes.

Le lendemain matin, dès l'aube, nous repartons. On sent qu'on approche du but : le lit du Fleuve s'est de plus en plus resserré : 60 à 70 mètres de large tout au plus. Les rives sont formées par des montagnes de 5 à 600 mètres d'altitude. Après quelques heures d'une navigation plutôt facile, nous apercevons le petit torrent de Lou-choueï-ho et le petit poste fortifié situé en face, qui fait des signaux pour annoncer notre arrivée aux autorités de Man-hao. Peu après, nous nous amarrons dans ce port.

Nous avons mis une semaine pour accomplir un trajet de 125 kilomètres !

IV

DE MAN-HAO A MONG-TSE

MAN-HAO

(Du 6 au 7 Novembre.)

Nous voilà donc à Man-hao, le point terminus de la navigation de commerce, sur le Haut Fleuve rouge. *(En amont de Man-hao, le fleuve est accessible seulement à de tout petits canots qui ne peuvent transporter de marchandises.)*

Une fois nos caisses débarquées et déposées chez l'agent indigène au service du Consulat de France à Mong-tse, nous allons jeter un coup d'œil sur la ville.

Malgré la quantité de femmes annamites qu'on rencontre dans les rues, — femmes ou filles enlevées par les pirates et vendues ensuite au plus offrant, — Man-hao ne diffère guère des autres villes chinoises que j'ai visitées. Je retrouve ici, en petit, l'activité des ports de la côte ; partout ce ne sont qu'auberges encombrées de chevaux et mulets de bât qui descendent des hauts plateaux chargés de saumons d'étain ou d'opium, ou bien remontent vers le Yunnan pour y importer des cotonnades et autres articles européens. La plupart des maisons sont construites en pisé et même en briques, et couvertes en tuiles, tandis qu'au Tonkin tout le monde, nobles ou roturiers, vit littéralement sous des paillottes. La ville, dont la population est de deux milliers d'âmes, est bâtie sur les deux rives du fleuve ; mais c'est principalement sur la rive gauche qu'a lieu tout le trafic et que se tient, tous les cinq jours, un marché assez important, fréquenté par tous les aborigènes de la région, Y-jen, Pa-y et Lolos.

Man-hao ne se trouve pas à plus de 200 mètres d'altitude, et, comme il occupe le fond d'un vaste entonnoir fermé de toutes parts par des monts aux cimes élevées, c'est vous dire qu'il y règne éternellement, hiver comme été, une chaleur suffocante qui rend le séjour de cette localité tout à fait insupportable aux habitants des hauts plateaux. Aussi ceux-ci ne consentiraient-ils pour rien au monde à passer une seule nuit à Man-hao, et se hâtent-ils de rentrer chez eux sitôt que leurs emplettes et leurs transactions sont terminées.

Nous-mêmes, qui sommes cependant habitués aux chaudes températures, nous voulons être prudents et ne tenons pas à prolonger notre séjour dans un pays réputé si malsain, et dès le 7, vers deux heures de l'après-midi, nous enfourchons nos petites montures. *(Les chevaux du Yunnan, comme ceux du Tonkin, sont de très petite taille : ils sont à peine plus grands que nos ânes.)*

Nous n'avons pas voulu partir de trop bonne heure, afin de permettre à nos muletiers d'apporter tous les soins nécessaires au paquetage et au chargement de nos nombreux bagages. Quelques-uns sont tellement lourds ou volumineux qu'ils devront être arrimés sur de longs et solides bambous et transportés de la sorte par des escouades de coolies.

Notre escorte — si l'on peut appeler ainsi quatre ou cinq vagabonds devenus soldats pour la circonstance et armés seulement de lances antédiluviennes — a été renouvelée par les soins des autorités locales.

DE MAN-HAO A YAO-T'EOU

(Du 7 au 8 Novembre.)

La route qui conduit de Man-hao à Mong-tse (60 kilomètres environ), bien qu'ayant presque partout 1ᵐ 50 de large, est tellement difficile et accidentée qu'elle n'est même pas accessible aux plus petites charrettes. C'est un vrai sentier de chèvre, en maints endroits taillé dans le roc sur les flancs escarpés des montagnes.

Nos bagages sont donc transportés soit par

des chevaux et des mulets, soit par des hommes de peine. La charge d'une bête de somme se compose de deux parties, de deux poids qui ne doivent pas dépasser chacun un demi-picul, soit 3o kilos, et qui sont placés et attachés solidement sur des bâts mobiles qu'on pose tout simplement sur une selle faisant corps avec la bête et ne la quittant jamais.

Notre caravane se compose de 15o poneys et de 6o porte faix, sans compter nos gens et les soldats de garde.

La première partie de la route est extrêmement pénible et fatigante. Nous mettons 4 jours à gravir les « dix mille escaliers » en granit mal taillé qui mènent au hameau de Yao-t'eou. C'est là une ascension dont je me rappellerai les difficultés : à chaque instant, il faut s'accrocher à la selle du cheval pour ne pas glisser en arrière et tomber dans des ravins dont on devine seulement le fond. A 6 heures, nous sommes à mille mètres au-dessus du port de Man-hao. Depuis longtemps le lit du Fleuve Rouge s'est caché dans la brume.

Nous arrivons enfin à la station désirée, Yao-t'eou, et ne tardons pas à nous assoupir dans la première auberge venue, et quelle auberge, mes amis ! et combien elle diffère de ces hôtelleries qu'on rencontre sur la route de Péking ou de la Grande Muraille, qui ne sont pas beaucoup plus propres, je l'avoue (car la propreté est un mythe en Chine), mais qui sont autrement vastes et confortables. Heureusement nous sommes munis de matelas cambodgiens. Nos « boys » les étendent tant bien que mal sur des roseaux et nous avons ainsi une exellente couchette presque en plein air, à côté des bêtes de somme, de la volaille et des pourceaux !

DE YAO-T'EOU A A-SAN-TCHAÏ
(8 Novembre.)

Distance : 3o kilomètres. — Le lendemain matin, au chant du coq, nous sommes debout. Il s'agit de ne pas souffrir du froid pendant cette deuxième partie de la route, qui s'élève jusqu'à près de 2.000 mètres au-dessus du niveau de la mer. Nous nous couvrons en conséquence. Départ par une pluie battante. Ce n'est plus la chaude température ni le beau ciel de Laokaï ou Man-hao, ce sont les brouillards épais qui couvrent éternellement les sommets des montagnes. Nos muletiers tout transis de froid, laissent leurs pauvres bêtes ralentir le pas. Comme elles se traînent lamentablement dans ces sentiers ardus et glissants ! A chaque minute elles doivent s'arrêter pour reprendre haleine. Malgré nos promesses de pourboires, la caravane n'arrive à Choueï-tien que vers onze heures et à l'étape de P'ou-ta-ki (tout petit hameau composé seulement de 3 à 4 chaumières), que vers une heure de l'après-midi.

Je n'ai jamais eu la bonne fortune d'assister à une invasion de barbares, mais je crois que notre prise d'assaut de l'unique abri de P'ou-ta-ki en avait tout à fait l'apparence, et cette fois nous n'avons pas volé l'épithète de

« Yang-koueï-tse » ('), qu'aiment à nous appliquer les Célestes. Le maître du logis, tout ahuri, ne se fait d'ailleurs pas trop tirer l'oreille pour faire place nette. Après avoir allumé un immense brasero au beau milieu de l'unique pièce, les jambes au feu, nous nous repaissons goulûment d'une omelette monstrueuse préparée en hâte ; un verre d'un excellent tafia, qui nous a été cédé à Laokaï par les officiers, répare complètement nos forces affaiblies, et nous nous empressons d'abandonner à son triste sort l'ignoble taudis qui nous a abrités un instant.

Nous voulons nous montrer généreux après avoir été rudes et sans gêne : nous tendons à l'aubergiste une ligature de sapègues. Il la refuse, mais jette, le pauvre hère, les yeux avec envie sur nos bouteilles vides et leurs bouchons de liège ! Nous avons compris : une simple bouteille vide vaut bien plus d'une ligature dans ce pays désolé !

(1) « Yang-koueï-tse » signifie : diables d'occident.

Il pleut toujours, ou plutôt il « crachine », comme on dit au Tonkin, et nous devons surveiller nos montures qui glissent sans cesse sur le sol détrempé.

Nous voici maintenant sur un vaste plateau : de tous côtés, ce ne sont que pics et monts d'origine volcanique, dont les ondulations rappellent les vagues d'une mer en furie. Nous passons au pied d'un fort qui domine ce plateau et dont la garnison de 2 à 3oo hommes est sous les ordres d'un soi-disant colonel ; puis, nous redescendons à une altitude de 1.5oo mètres, et apercevons, tout à coup, sur notre gauche, un coin lumineux qui fait contraste avec les sombres nuages qui nous entourent : c'est la plaine tempérée de Mong-tse.

Mais nous ne pourrons y arriver ce soir : il est trop tard, et nous devrons faire halte et coucher à A-san-tchaï, qui n'en est pourtant éloigné que d'une dizaine de kilomètres.

DE A-SAN-TCHAÏ A MONG-TSE
(8-9 Novembre.)

A A-san-tchaï, nous sommes déjà dans la zone tempérée. Les habitations deviennent de moins en moins rares, l'aigrette au superbe plumage blanc fait place au gris aiglon, et les rizières remplacent les champs de maïs et de sarrazin, qui sont même très espacés dans la région montagneuse que nous venons de traverser. La végétation enfin est redevenue très active. Nous retrouvons là, en même temps, le monde civilisé. L'auberge qui nous abrite est magnifique, comparée à celles de Yao-t'eou et de P'ou-ta-ki.

Dans la cour sont rangées les chaises à porteurs qui seront désormais notre mode de locomotion : elles ont été envoyées par le Consulat de France, pour que nous puissions faire une entrée sensationnelle dans la cité de Mong-tse.

Nous y prenons place le lendemain 9, à dix heures seulement, comme tout digne mandarin, et après une nuit d'un repos bien gagné.

Nous suivons d'abord pendant un certain temps le lit desséché d'un torrent encaissé entre des collines escarpées, puis nous traversons la vieille mais encore coquette petite ville murée de Sin-an-so, qui a une population d'environ 15.000 âmes, et où les autorités viennent nous présenter leurs souhaits de bienvenue ; peu après, nous apercevons la silhouette de Mong-tse, qui se dessine sur le fond brumeux des montagnes, et rencontrons le chancelier substitué du Consulat, M. M..., qui a eu l'aimable attention de venir à cheval au devant de nous et nous conduit à l'Hôtel Consulaire, situé à peu de distance de la ville, extra muros.

Nous sommes en plein Yunnan méridional. Nous avons mis 37 jours pour traverser le Tonkin de part en part, de l'est à l'ouest et au nord-ouest.

MONG-TSE

La cité de Mong-tse est construite, en forme d'ovale, au sud-est d'une magnifique plaine de 20 milles de long sur 8 à 10 de large et élevée de 1450 mètres au-dessus du niveau de la mer. Elle est entourée de murs crénelés qui n'ont guère plus de 4 à 5 mètres de hauteur et très peu d'épaisseur et ne sont percés que de quatre portes fermées au crépuscule et ouvertes à l'aube, comme cela se passe dans toutes les cités chinoises. C'est juste en dehors de celle de l'Est, sur le bord d'un joli lac couvert de lotus blancs et roses, que se trouvent les Bureaux de la Douane Impériale, et un peu plus loin le Consulat de France. Provisoirement, la résidence particulière des agents européens de la Douane est le Yamen du Magistrat de district, situé au centre de la ville. Je dis : provisoirement, car cette administration a déjà commencé à construire, à côté du Consulat, des pavillons de style chinois.

La population de Mong-tse est évaluée à une trentaine de mille âmes.

C'est la plus petite des villes chinoises que j'ai visitées jusqu'à ce jour. Quelle différence avec Tien-Tsin, par exemple, où l'on compte un million et demi d'habitants ! Mais, si elle ne paie pas de mine, du moins est-elle relativement propre, surtout depuis l'arrivée dans ses murs du Général Ma, musulman — (le tiers des habitants du Yunnan pratique la religion du Prophète) — qui, comme tous ses coreligionnaires, déteste les favoris de St-Antoine et leur fait, à défaut d'autres ennemis, une guerre acharnée.

Les rues sont dallées. Les plus belles sont décorées de magnifiques arcs-de-triomphe.

Les constructions sont toutes en pierres et en briques crues, et leur toiture en tuiles. Beaucoup de temples : les plus remarquables sont ceux de Confucius, des Génies protecteurs de la Cité et du Dieu de la Guerre ; de nombreuses pagodes, entre autres celles dédiées à l'Impératrice du Ciel et au Génie de l'Écriture. La plupart de ces monuments sont bien entretenus et j'y vois beaucoup de pieux visiteurs. Beaucoup de Yamens aussi, cela va sans dire : les plus vastes sont celui du Taot'aï des Douanes (l'autorité locale avec laquelle le Consulat entretient des relations officielles), celui de Tchen-t'aï, général de brigade commandant les forces stationnées dans la région, celui du Pou-t'ïng (chef de la police), où le personnel du Consulat a été caserné pendant cinq ans. J'allais oublier celui du Tché-chien (magistrat du district de Mong-tse), occupé en partie, je l'ai dit, par les employés européens de la Douane impériale.

Le poste de Tché-chien de Mong-tse est très recherché, car il est fort lucratif : de ce district dépend, en effet, Ko-kiéou (Kouo-tçiéou), centre d'exploitation d'importantes mines d'étain, qui paient à l'État de lourds impôts, dont une grande partie reste dans les poches du mandarin, comme cela se pratique dans tout le reste du plus céleste des Empires.

Sous les murs de la cité, — que j'appellerai

la ville officielle, — principalement du côté ouest, s'étend la ville marchande proprement dite, avec ses vastes auberges encombrées de visiteurs qui témoignent de l'importance commerciale de ce point.

C'est là que, tous les trois jours, se tient un marché bien achalandé en bestiaux, grains, fruits et légumes. A côté du marchand de race purement chinoise, rarement né dans le pays même, on y voit l'autochthone (Lo-lo, Pa-y, I-jen ou T'ou-lâo), à la démarche fière, le chef protégé par un turban noir couvert d'un chapeau de paille aux larges bords, le sabre au côté ou le trident sur l'épaule, — habitude qu'il a contractée pendant la guerre civile entre Musulmans et Impériaux qui mit tout le Yunnan à feu et à sang et ne prit fin qu'il y a une vingtaine d'années. La chinoise aux petits pieds et au long vêtement de couleurs claires et voyantes, le visage invariablement abrité, moins pour se soustraire aux rayons du soleil que pour se dérober aux regards importuns, sous un parasol bleu frangé de gaze noire ('), s'y promène frêle comme le bambou qui se balance au gré du vent et y coudoie la brave paysanne aborigène à la complexion robuste, aux pieds nus et à la jupe courte en grosse cotonnade de couleur foncée.

Çà et là apparaissent enfin sur le marché quelques groupes de Miao-tse, gens à demi sauvages, rachitiques et goîtreux, comme les Yao-jen rencontrés sur la frontière, mais plus indépendants qu'eux, plus craintifs aussi. Leurs emplettes terminées, ils rentrent hâtivement, — j'allais dire au pas de course, — dans leurs montagnes, où ils vivent misérablement, ne se nourrissant guère que de racines, et passant leur temps à couper des hêtres et des pins rabougris qu'ils vendent dans la plaine comme bois à brûler.

Les environs de la ville sont charmants. La campagne est bien cultivée en riz, maïs, arachides et haricots. Partout ce ne sont que jardins fruitiers et potagers, bordés de haies de cactus. Tous

(1) Cette coutume est absolument spéciale à Mong-tse et à la Préfecture voisine de K'aï-hoa.

les fruits d'Europe (poires, prunes, pêches, châtaignes, noix, grenades), se trouvent ici en abondance, et les légumes poussent à merveille toute l'année sous ce climat des plus tempérés. Le thermomètre ne descend jamais au-dessous de zéro et dépasse rarement 30° centigrades.

La situation exceptionnelle de Mong-tse à l'extrémité méridionale de la grande route de la capitale d'une province très peuplée (près de 15 millions d'habitants) et riche en étain, cuivre et opium, et à peu de distance de la vallée du Fleuve Rouge, qui est la voie naturelle pour le transport des produits indigènes et des marchandises étrangères, en fait une place d'entrepôt de premier ordre, appelée à un grand avenir.

Les affaires sont déjà très florissantes à Mong-tse, et cette ville sera certainement un des marchés les plus importants de l'Empire, le jour où la frontière sera purgée entièrement des bandes de pirates qui l'infestent et lorsque le Protectorat du Tonkin, ayant accordé les crédits nécessaires pour baliser le Fleuve Rouge et débarrasser son lit des quelques rochers qui l'obstruent, les steamers de commerce pourront remonter sans danger à Laokaï à n'importe quelle époque de l'année.

Un Globe-Trotter.